苏苏历险记之

暴雨寨里救亲人

江苏省气象学会　编著

图书在版编目（CIP）数据

苏苏历险记之暴雨寨里救亲人 / 江苏省气象学会编著. -- 北京 : 气象出版社，2022.12
ISBN 978-7-5029-7876-1

Ⅰ. ①苏… Ⅱ. ①江… Ⅲ. ①暴雨—少儿读物 Ⅳ. ①P426.62-49

中国版本图书馆CIP数据核字(2022)第235516号

苏苏历险记之暴雨寨里救亲人
Susu Lixianji zhi Baoyu Zhai li Jiu Qinren

出版发行：气象出版社
地　　址：北京市海淀区中关村南大街 46 号　　邮政编码：100081
电　　话：010-68407112（总编室）　010-68408042（发行部）
网　　址：http://www.qxcbs.com　　E-mail：qxcbs@cma.gov.cn
责任编辑：宿晓凤　邵华　　终　　审：吴晓鹏
责任校对：张硕杰　　责任技编：赵相宁
封面设计：周天婧
印　　刷：北京地大彩印有限公司
开　　本：787 mm×1092 mm　1/16　　印　　张：1.75
字　　数：32 千字
版　　次：2022 年 12 月第 1 版　　印　　次：2022 年 12 月第 1 次印刷
定　　价：10.00 元

《苏苏历险记》系列绘本编写组

组　长：孙　燕

副组长：李余婷

成　员：朱　裔　何　艳　周　晶　艾文文
张　岚　张志薇　周　青　魏清宇
潘菁菁　孙　明　孙　艳　单　婵

指　导：王啸华　项　瑛　吴海英

前言

气象科普工作是气象事业的重要组成部分，在气象服务效益的发挥中起先导性作用。近年来，雷雨大风、龙卷等强对流天气有多发、重发趋势，对各行各业和人民群众安全的影响日益加剧。为有效防范和减轻此类天气造成的影响，气象部门在提升监测预警服务能力的同时，有针对性地开展了对灾害性天气的解读与科普工作，传递气象科学知识，提高全社会防灾意识、避险自救能力，为解决气象防灾减灾“最后一公里”问题发挥积极作用。

本套《苏苏历险记》系列绘本以江苏气象 IP 形象“苏苏”为故事主人公，随着故事情节的发展，将龙卷、暴雨等强对流灾害性天气的特点、影响、可行性的防御措施等知识由浅至深地向小读者进行科普。在阅读本书的过程中，小读者将体验到：

①灵活有趣：本书将气象知识结合在精彩的故事当中，故事背景充满想象、故事发展环环相扣、故事情节引人入胜，通过故事主人公在不同场景的情节发展进行气象知识科普，引起读者阅读兴趣。

②系统科学：在本书中，科普知识内容分布详略得当——主体故事部分进行简单的气象知识浅层科普，在“苏苏小贴士”的部分对气象知识进行科学深入的描述；书中的科普知识内容均经过气象专家的审查，确保知识传播的正确性、科学性。

③阅读+研学：本书不仅通过图文故事进行科普，也增加了科普小实验的部分，鼓励小读者动手动脑，通过简易的小实验加深对读本的阅读印象；在图书的最后，小读者也可以通过填写表格、做出读书总结的形式，完成一次科普读本的学习记录。

希望本书能够激发小读者的阅读兴趣，鼓励他们探索气象知识，在他们心中种下科学的种子，培养良好的科学素养。此外，本书可结合科普活动，帮助公众了解暴雨、龙卷灾害天气下的自救互救措施，切实减少人民群众在灾害发生时受到的生命财产安全影响，提高公众防灾减灾意识和避灾自救能力。

江苏气象科普吉祥物

有趣、有料、有温度的“苏苏”

“苏苏”是江苏气象科普品牌代言人，于2019年荣获“全国十大气象科普创客”。

“苏苏”是以机器人为原型设计的卡通人物。整体设计具有科技感，体现智慧气象元素，与气象部门坚持科技引领，创新驱动的基本原则相吻合。头顶“祥云”既是气象元素的重要体现，也是具有独特代表性的中国文化符号，表达了气象部门希望“风调雨顺、国泰民安”的美好祝愿；额头黄色闪电符号，具有防灾减灾警示作用；眼部佩戴AR眼罩、耳朵安装信号接收器，体现信息新技术在气象领域的应用。

背景介绍：
在浩瀚的宇宙中，有一个神秘的气象星球，在这个星球上有着许许多多的国家，每个国家都有它的特色：晴天王国风景如画、居民亲切友好；暴雨王国地处偏远、居民蛮横霸道……
人物介绍：
苏苏，热爱探险且有着丰富的气象知识。最近，他被派往气象星球执行一项神秘的任务……

离开龙卷王国的领地，苏苏又踏上了前进的道路。苏苏发现，沿途的风景变得与之前截然不同：树木高大粗壮，树枝向四周伸展着，仿佛盖子一样，只能从树叶的缝隙里窥见天空。

越往林子深处走去，苏苏周围淅淅索索的声音也开始多起来，一声奇怪的鸟叫过后，苏苏被一群着装古怪的人团团围住……

请问，这是哪里？
各位是什么人？
这里是暴雨寨的地界，
我们都是暴雨寨的人。
这里可有寨主？我从地球
一路来到这里，实在劳累，
想在寨子里休息一下。

寨子里并无寨主，
我是这寨子里的管
事。欢迎你来我们
暴雨寨小住！
多谢管事！我来自中国
江苏，是科学家制造出
来探访气象星球的。
请问我该怎么
称呼您？
我是“暴雨”，在中国气象上，
我代表着一个降水等级。
感谢您让我留宿！

苏苏小贴士：

【暴雨的划分】

暴雨是一种降水强度较大，或过程总降水量较多的强降水现象。在我国一般把 24 小时内降水量≥ 50 毫米的降水称为暴雨。

按照降水强度来划分，暴雨可以分为暴雨、大暴雨、特大暴雨三个等级，24 小时降水量为 50~99.9 毫米称“暴雨”，100~249.9 毫米称“大暴雨”，250 毫米以上称“特大暴雨”。

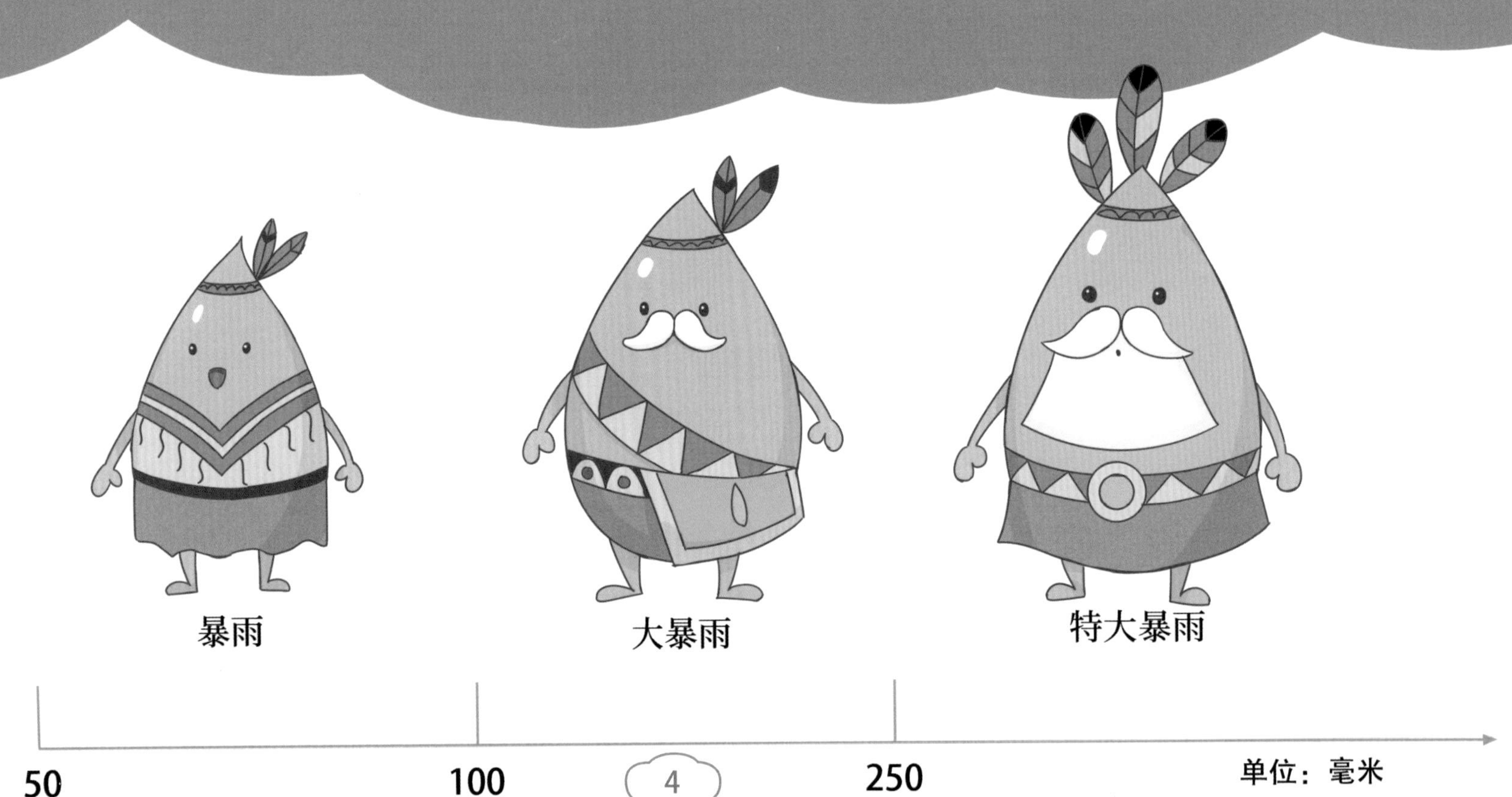

在暴雨寨留宿一晚之后，苏苏感觉精力恢复了许多。在寨子里闲逛的时候，苏苏了解到：这里本来由特大暴雨（大哥）、大暴雨（二哥）和暴雨（三弟）兄弟三人一起管理，但是几个月前，不知什么原因，暴雨的两位兄长接连失踪，寨子里居民纷纷出动却找寻无果。

当下只剩下最凶险的恶龙谷和最考验智慧的机关门未搜寻过。了解到情况后，为了感激暴雨的收留之情，苏苏决定前往这两地替暴雨寻找亲人。

苏苏来到恶龙谷谷口，四周观察了一番，决定先找龙大人问一下。

你既然来寻暴雨的兄弟，那你可知道暴雨对地球上的人会造成什么影响?
长时间的暴雨容易产生积水、淹没低洼地段，造成洪涝灾害。
洪涝有什么可怕的，我还经常喷水玩呢!
您有所不知，一场洪涝过后，对于农田的损害是相当严重的，严重时可导致粮食绝收，那大家就没有饭吃啦!

山洪暴发

房屋被毁

农田被淹

交通及通信中断

如果某一个地区连降暴雨，那么可能会导致山洪暴发，造成房屋被毁、农田被淹、交通及通信中断等危害。

答得不错！暴雨的二哥迷路了，被困在我谷里，这是地图，你去带他出来吧！

多谢龙大人！

【暴雨的影响】

我国是一个多暴雨的国家，除西北个别省（自治区）外，其他地区几乎都有暴雨出现。4—6 月，华南地区暴雨频频发生；6—7 月，长江中下游地区常有持续性暴雨出现，历时长、面积广、暴雨量也大；7—8 月是北方各省的主要暴雨时节，暴雨强度很大；8—10 月雨带又逐渐南撤。

暴雨往往会引发洪涝、泥石流等自然灾害。我国主要河流发生的洪水由暴雨引起的偏多。灾难性的暴雨会对生产建设和人民的生命财产造成严重破坏和巨大损失。

暴雨也可以被很好地利用起来，特别是对于缺水地区，可用蓄水设施将暴雨储存起来，用于生产生活。

洪水

泥石流

救出了二哥，苏苏又马不停蹄地向机关门的方向赶去。好不容易到达了机关门，却不见任何人影，苏苏只得摸着门边粗糙的石壁四处寻找开门的机关。正在他一筹莫展之时，“门”却开口“说话”了……

喂喂喂，快停下，别再挠我痒痒了！
暴雨的大哥？他路过我这里时对我冷嘲热讽，被我关在里面了！
不好意思，我不是有意的，我只是想进去寻找暴雨的大哥。
放他不难，就看你能不能讲点儿预防暴雨的措施给我听听，好让我下次提防着点儿他。说得好我就让你进去。
可否行行好，让我带他出来？这么久了，他肯定知错了，寨子里的亲人都等着他回去呢！
好，一言为定！

那你说说，暴雨来临时
该怎么办呢？

① 远离窗户，关紧门窗。

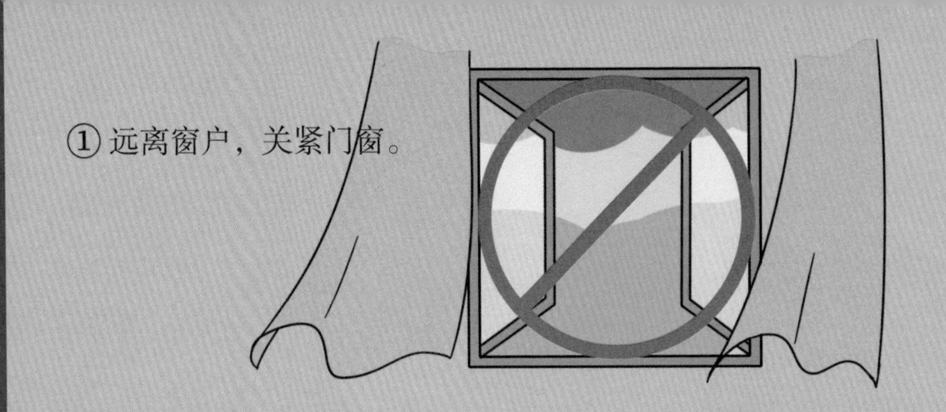

② 如果打雷，不要看电视、上网，应拔掉电源、电话线及电视天线等可能将雷击引入的金属导线。

暴雨来临时往往伴有
雷电，如果是在室内
的话，要做到：

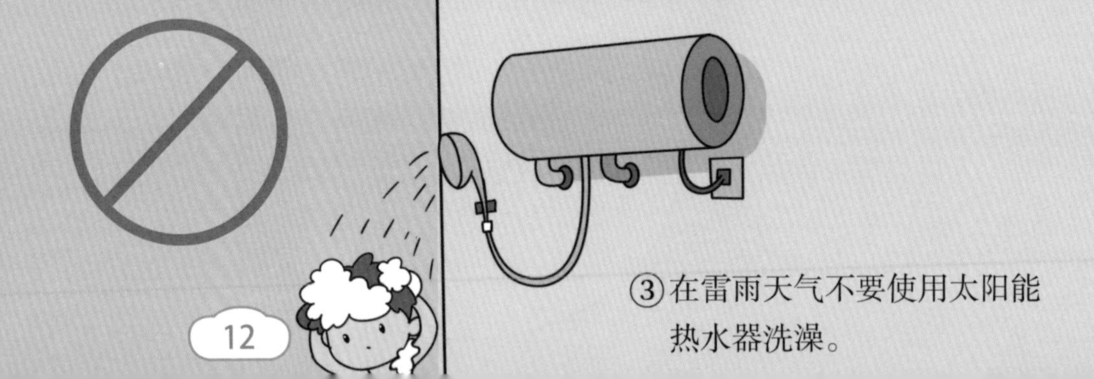

③ 在雷雨天气不要使用太阳能热水器洗澡。

如果是在室外的话，
要做到：

讲得还算有点儿道理。
行了，你带他走吧，
让他以后注意讲礼貌！
谢谢您！

看到两位哥哥被安全地救回来，暴雨和寨子里的居民们都对苏苏的仗义之举感激万分。

寨子里的人纷纷拿出自家最好的饭菜招待苏苏，感谢他救回亲人的恩情。苏苏也做了一杯彩虹雨留在寨子里作为礼物。

【杯中彩虹雨】

准备材料：

透明玻璃杯、水、剃须膏、彩色颜料、滴管。

实验过程

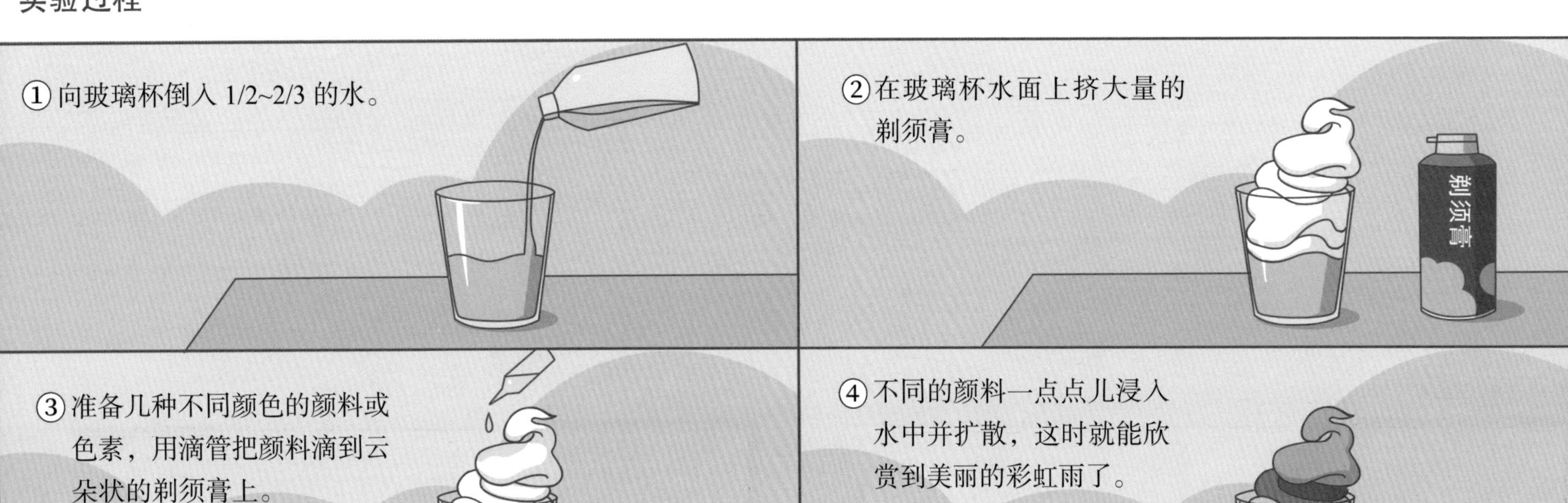

《苏苏历险记之暴雨寨里救亲人》读书笔记

学校:		读书主题:	
姓名:		阅读时间:	

暴雨知识	暴雨灾害避险
我了解了:	我学会了:

我要提问:	

我的读书日记

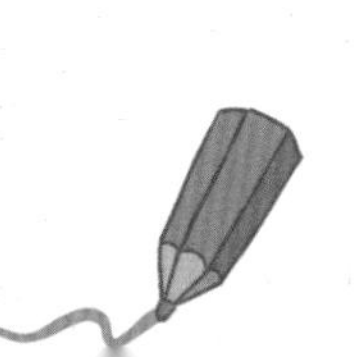